MINÉRAUX DE BONBONS =SUMMER=

著 佐藤佳代子

食譜所有
きらら舎、アドリア洋菓子店、Book & Café APIED

盛夏 奇幻礦物甜點

❖ 晶透輕盈的迷幻色彩

結晶洋菜凍、
母岩慕斯雪酪、
礦石糕點、行星冰品食譜

瑞昇文化

Introduction
前言

我經常看著礦物標本，脫口說出「看起來好好吃！」

不知道各位有沒有相同的經驗？

後來我認識許多人都和我說過一模一樣的話。

看似美味的礦物標本，實際吃起來究竟是什麼味道？

想著想著，便想做做看可以吃的礦物標本了。

目前會讓我忍不住呼喊「看起來好好吃」、「好想嘗嘗看」的

礦物甜點多半是酸甜又清爽的口味。

例如澄澈似海的螢石，又或是如海上藍天的天青石。

還有深湖般縹碧動人的祖母綠……。

時序正值夏日。

本書會提供許多模仿藍色系礦物的甜點食譜，帶大家清涼一夏。

佐藤佳代子

Contents

天河石（戚風蛋糕）
82p

天藍方鈉石
（慕斯＆洋菜凍）
88p

重晶石（冰片）
71p

水晶洞
（巧克力＆刨冰）
76p

衣索比亞蛋白石
（洋菜凍）
34p

賓漢螢石
（洋菜凍＆慕斯）
42p

繽紛的方解石
（洋菜凍）
》36p

石榴石（糖漬櫻桃）
》44p

藍銅礦（馬卡龍）
》85p

異象水晶
（糖漬蘋果＆洋菜凍）
》40p

星型白雲母
（刨冰＆水果片）
〉74P

磷葉石（洋菜凍）
⟩38p

母岩（青蘋果雪酪）
⟩39p

綠柱石（水果軟糖）
／91P

葡萄石
（巧克力橙條＆糖衣葡萄）
〉46p

尖晶石
（法式水果軟糖＆檸檬塔）
〉52p

湖南螢石
（義式冰沙）
78p

中原中也的童話蛋糕
> 62p

條紋螢石（洋菜凍）
〉32p

CHAPTER

1

洋菜凍&慕斯製作的礦物甜點

我試著用色澤通透的洋菜凍和冰涼的慕斯,做出沁涼又美味的礦物標本。

洋菜凍入口即化,質地柔軟易塑型,拿來製作結晶再適合不過了。

將洋菜凍擺上膨鬆綿密的慕斯,看起來像極了帶母岩的堅硬礦物。

製作洋菜凍與慕斯的基本器具

本書介紹的甜點大多是利用洋菜凍和慕斯來做變化。
以下介紹書中許多食譜都會用到的器具和材料。

升溫快速、保溫性佳，
非常適合製作甜點。
由於鍋內鍍了一層錫，
拿起來稍重。

銅鍋（鍋內鍍錫）

量杯

電子秤

不鏽鋼盆

麵粉篩

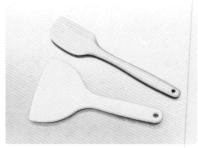

耐熱矽膠刮刀

打蛋器

由上而下為牛刀、
水果刀、抹刀

砧板、菜刀

**KitchenAid的
桌上型攪拌機**

若無電動攪拌機
亦可用打蛋器手動攪拌

擠花袋與花嘴

製作慕斯和起司蛋糕時
使用的模具

慕斯圈

耐熱矽膠烘焙墊或烘焙紙

製作洋菜凍與慕斯的基本材料

以下都是夏季礦物甜點的必備材料。

重現礦物顏色的首選！
建議購齊整組。

優格、乳酸飲料濃縮液、鮮奶油、牛奶

製作慕斯、冰淇淋、雪酪時
最常見的夥伴。

MONIN風味糖漿

以前想調出藍色，只有藍柑橘風味糖漿能用，現在則多了
蝶豆花風味糖漿。雖然蝶豆花糖漿的色調和藍柑橘略有不
同，但成品色澤也很美。

吉利丁片　使用前先用冰水泡發。
片狀的比較便於秤重。

洋菜粉　植物性凝固劑，
成品質地較吉利丁紮實。

雞蛋

巧克力　調溫巧克力、可可膏、可可粉。
依用途分別使用。

洋菜凍的基本做法

洋菜粉是萃取海藻或種子後製成的凝固劑，成品口感介於吉利丁和寒天之間。
洋菜凍30～40℃左右即會凝固，不易變形且色澤通透，適合製作透明的礦物結晶。
洋菜粉和吉利丁一樣，碰到強酸會阻礙凝固。

❖Materials❖

水…150cc　MONIN風味糖漿／藍柑橘糖漿…20cc
細白砂糖…20g　洋菜粉…4g

❖Tools❖

鍋子、電子秤、量杯、不鏽鋼盆、打蛋器、
製冰盒（小方塊冰）

1 準備水150cc、MONIN風味糖漿20cc。

2 盆中放入洋菜粉4g和細白砂糖20g混勻備用。洋菜粉事先和細白砂糖混合均勻，可減少結塊的情形發生。

3 以打蛋器拌勻水和風味糖漿，確保顏色均一。

4 開火加熱3至沸騰。

5 沸騰後鍋子離火，馬上加入2並攪拌均勻。若需要補色，也於此時加入色粉。

6 倒入製冰盒，冷藏30分鐘～1小時。

7 完成！

慕斯的基本做法

**我們可以用慕斯製作出含有礦物結晶的母岩。
以下介紹基本的慕斯做法。**

❖ Materials ❖

原味優格…200g　糖粉…40g　吉利丁片…4g
鮮奶油（打發用）…250cc　鮮奶油（與吉利丁混合用）…10cc　冰水…適量

❖ Tools ❖

桌上型攪拌機、不鏽鋼盆、打蛋器、
擠花袋與花嘴、長方盤、慕斯圈

1 以攪拌機打發鮮奶油250cc，打至能豎起尖角的狀態。

2 準備多一點冰水泡發吉利丁片。

3 盆中加入原味優格和糖粉，以打蛋器攪拌均勻。

4 取另一盆，加入鮮奶油10cc。泡發的吉利丁擠乾後也加入盆中，隔水加熱溶解（也可利用微波爐）。

5 待**4**冷卻後盡速與**3**混合。接著再加入打發的鮮奶油，以打蛋器拌勻。

6 將慕斯圈擺在長方盤上，擠入**5**後拿去冷凍。待凝固即完成！

Point

慕斯圈是一種中空、環狀的烘焙用模具。若使用有底的模具製作慕斯，脫模時很容易破壞成品形狀。慕斯脫模時，要先利用雙手溫度稍微溫暖模具，並用拇指輕輕按壓慕斯體，即可順利脫模。

糖漬水果的基本做法

閃閃動人的糖漬水果，可以用來做成礦物結晶或內含物（Inclusion）。
這裡用美國櫻桃示範如何製作糖漬水果。
藉由火燒方式揮發掉酒精，小朋友也能享受道地的滋味。

❖Materials❖

美國櫻桃…500g
紅酒…750cc
細白砂糖…375g
檸檬皮…1顆份
橙皮…1顆份
八角…1粒
香草籽…適量（亦可用香草精代替）
肉桂…適量

❖Tools❖

櫻桃去籽器、
菜刀、砧板、
削皮刀、鍋子、
噴槍、烘焙紙

1 削下檸檬和柳橙果皮備用。

2 以刀背刮下香草籽備用（若無香草籽，可於加入香草籽的步驟時，加入香草精代替）。

3 拔掉櫻桃梗後，以櫻桃去籽器取出種子。

4 準備好紅酒、細白砂糖、肉桂、八角。
照片為所有材料備好的模樣。

5 挑戰火燒技法！

像名專業甜點師，將酒精燒得一乾二淨。
若是要做給小朋友吃的，可以用葡萄汁代替紅酒快速
煮過。

**進行火燒手法前，請務必確認爐旁沒有其他易燃物
體。**

1 將紅酒倒入深鍋中。

2 開火加熱至沸騰。

3 噴槍朝著鍋中直接烘烤，烘烤同時輕輕晃動鍋子。也
可用長嘴打火機點火。

4 待鍋中火焰燃盡後即完成。

6 倒入細白砂糖。

7 加入檸檬皮、橙皮、香草莢和籽。

8 加入肉桂與八角。

9 加入去籽櫻桃。

10 表面鋪蓋烘焙紙，以中小火熬煮20～25分鐘。

11 接著放冰箱冷藏24小時後即大功告成！剩下的糖漿
可以加氣泡水，調成好喝的氣泡飲。

Point

蘋果的果肉不如櫻桃紮實，很容易吸收大量的糖漿和酒精。所以製作糖漬蘋果時，必須減少糖和酒精的用量，否則味道會太濃！詳細食譜請
參照p.40～41「糖漬蘋果＆洋菜凍製異象水晶」。

01

條紋螢石
（洋菜凍）
Striped Fluorite Jelly

用各色洋菜凍呈現出帶有彩色條紋的螢石。裝入透明耐熱玻璃杯，拿到陽光下欣賞也很美。

> **螢石**   Mineral Note
> **（Fluorite）**
> 據說世上什麼顏色的螢石都有，只有橘色除外。有些螢石標本還是好幾種顏色並存，呈現條紋的模樣。
> 阿根廷產的螢石配色主要為黃色、綠色、藍紫色、紅紫色。我在綠色裡多加了一點藍色，並增加黃色和綠色層的厚度，紫色層則偏薄，這麼一來會更接近真品的模樣。
> 如果將顏色換成水藍色、紅紫色、藍紫色、粉紅色，則會變成中國產的條紋螢石。我推薦熱情的礦物玩家在製作洋菜凍時，多講究顏色的搭配，享受不同產地的螢石特徵。

❖Materials❖　（4杯份）

水⋯500cc
細白砂糖⋯120g
吉利丁片⋯10g
MONIN風味糖漿／每個顏色⋯20cc
色粉（食用色素）⋯適量
冰水⋯適量

為做出較硬的質地，此譜吉利丁片的用量稍多。

Recipe

1 準備多一點冰水泡發吉利丁片。

2 將水倒入鍋中並加熱至沸騰，接著加入細白砂糖溶解。

3 將2倒入盆中，吉利丁片擠乾多餘水分後也加入溶解。

4 將3分成4等份，分別加入各色風味糖漿。

5 容器中先倒入第1層。

6 容器稍微傾斜，冷藏2～3小時凝固。第1層凝固後再倒入第2層。容器傾斜角度可隨喜好調整。

7 想要做出斜向漸層，可以在底部墊免洗筷等器具再拿去冷藏凝固。

色彩變化

真正的礦物每一顆都長得不一樣，所以一次製作多杯時可以調整每杯的顏色比例或順序，看起來會更逼真。
想要呈現礦物鮮豔的顏色，難免需要用到色粉。食用色素分成天然色素和人工色素，其中天然色素有焦糖色素、梔子花色素、婀娜多（胭脂樹紅）、花青素、紅椒色素、紅花黃色素、紫甘藍菜色素等等。
這次我們是使用MONIN風味糖漿來重現礦物多采多姿的顏色。但如果希望顏色更明顯一點，也可加入微量的天然色素調整。追求成分更天然的朋友，以藍色為例，可以煮蝶豆花水，待冷卻之後拿來代替食譜中的水。不過蝶豆花的藍色來自一種稱作飛燕草色素（delphinidin）的花青素，這種成分碰到酸性物質時會變成紫色，所以若希望成品維持藍色，製作時就別加入檸檬汁或其他帶酸的果汁。

O2

衣索比亞蛋白石
（洋菜凍）

Ethiopian Opal with a Beautiful Play-of-color

沉澱於乳白色洋菜凍之下的淡麗粉彩碎凍。

衣索比亞蛋白石   Mineral Note

較晚發現的蛋白石，虹彩光澤的美麗程度和澳洲產蛋白石相比毫不遜色，人氣逐年上升。

蛋白石上的虹彩也分成很多種類，喜歡冷色系的朋友可以用藍色、紫色、綠色來搭配。如果想要做成可愛一點的模樣，可以用藍色搭配粉紅色。喜歡什麼顏色，就選擇什麼顏色的風味糖漿。用來表現虹彩的各色洋菜凍交錯堆疊，讓每個角度看起來呈現不同顏色，會更像真正的蛋白石。

❖Materials❖　（製冰盒1盒份）

虹彩部分　　　　　　　　**基底部分**

水…各170cc　　　　　　　水…170cc

細白砂糖…各20g　　　　　細白砂糖…20g

洋菜粉…各4g　　　　　　　洋菜粉…4g

MONIN風味糖漿…各20cc　可爾必思濃縮液…30cc

整體流程

製作虹彩部分的洋菜凍，凝固備用

→製作基底的白色洋菜凍

→在白色洋菜凍凝固前，放入彩色洋菜凍，再全部一起冷卻凝固

Recipe

製作虹彩的部分（參照p.28洋菜凍的基本做法）

1 先於盆中混勻細白砂糖與洋菜粉。之後要用來製作各色洋菜凍。

2 事先混合各色原料的水和糖漿，接著分別倒入鍋子加熱至沸騰。

3 各色原料液離火後將1加入鍋中，並以打蛋器攪拌均勻。接著倒入製冰盒，冷藏凝固。凝固後脫模並切成小碎塊。

製作基底

1 先於盆中混勻細白砂糖與洋菜粉。

2 可爾必思濃縮液加水調開，加熱至沸騰。

3 離火後將1加入鍋中，並以打蛋器攪拌均勻。

組合

1 將各色洋菜凍切成小碎塊。

2 將基底的洋菜凍液倒入模具，並趕快塞入彩色洋菜凍。

3 冷藏凝固後即完成。

o3

繽紛的方解石
（洋菜凍）

Colorful Calcite made of Agar Jelly

用五顏六色的洋菜凍來做出方解石的模樣。

方解石（Calcite）　　　　　　　　　　Mineral Note

方解石的成分為碳酸鈣，結晶形狀和顏色變化多端，有時乍
看之下實在不像是同一種礦物。
方解石色彩繽紛，可以利用果汁或色粉做出自己喜歡的顏
色。

❖**M**aterials❖ （4～8顆份）

果汁…各200cc
水…各100cc
細白砂糖…各30g
洋菜粉…各5g
色粉…適量

Recipe

1 先於盆中混勻細白砂糖與洋菜粉。之後要用來製作各色洋菜凍。

2 混合水、果汁、色粉，並倒入鍋中加熱至沸騰。

3 離火後將 **1** 加入鍋中，並以打蛋器攪拌均勻。

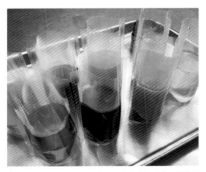
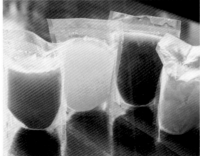
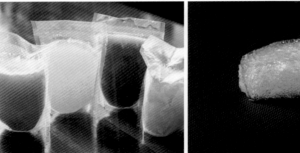

4 待冷卻後進冰箱冷藏約1小時。每個顏色皆依相同流程製作。

5 各種顏色的洋菜凍。冷卻凝固後自袋中取出，切成邊長3～5cm的長方體。

修飾

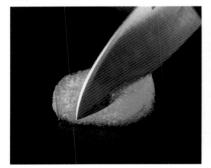

6 也可隨意裁切，做出方解石碎片的感覺。可依自己喜好決定尺寸，不同大小的礦物擺在一起也很有趣。

完成！

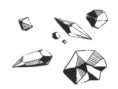

04

磷葉石
（洋菜凍）

Phosphophyllite made of Agar Jelly

用薄荷洋菜凍做出翠綠的磷葉石。

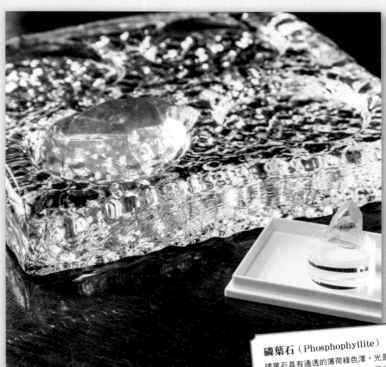

磷葉石（Phosphophyllite）　　　　　Mineral Note

磷葉石具有通透的薄荷綠色澤，光是看到就令人流口水。不過
磷葉石產量稀少且質脆，非常容易損傷，所以平常幾乎沒機會
看到它。
這次我們用雪酪（p.39）來呈現不透明的母岩部分，再擺上透
明的洋菜凍結晶。由於酸會阻礙洋菜粉凝固，所以我將酸味擺
在雪酪上，並增添蘋果的風味，洋菜凍部分則帶有薄荷清香，
兩種味道一起享用更美味。

❖ **Materials** ❖　（製冰盒1盒份）
水⋯150cc
MONIN風味糖漿／綠薄荷⋯20cc
細白砂糖⋯20g
洋菜粉⋯4g

Recipe

1 先於盆中混勻細白砂糖與洋菜粉。
2 將水和風味糖漿混合均勻後，倒入鍋中加熱至沸騰。
3 離火後將 1 加入鍋中，並以打蛋器攪拌均勻。接著倒入製
冰盒（不規則造型），進冰箱冷藏凝固。

母岩

（青蘋果雪酪）

Greenapple Sorbet Host Rock

用雪酪做出磷葉石的不透明結晶部分。

❖ Materials ❖　（4杯份）

蘋果汁…80cc

細白砂糖…1大茶匙（12g）

MONIN風味糖漿／青蘋果…80cc

蛋白…1顆份

色粉…適量

Point

製作雪酪時，每冷凍一段時間至稍微凝固後，要先拿出來用湯匙整個攪散一遍，再放回冰箱繼續冰。重複這個動作數次，可以讓雪酪含有更多空氣，最後口感更綿軟。如果希望成品更像真正的結晶，也可以不攪散，待整塊凝固後再用刀子切出想要的造型。

Recipe

1 取一耐熱容器裝蘋果汁，微波10秒鐘加溫。

2 1中加入細白砂糖並攪拌均勻。

3 2中加入風味糖漿並攪拌均勻，接著進冰箱冷藏。

4 蛋白打發至可以豎起尖角的程度。

5 4中加入3，混合均勻後進冰箱冷凍。

6 待整體差不多凝固時，從冰箱拿出來攪散、打入空氣，然後再放回去冷凍。

7 挖取雪酪盛入杯中，最後放上洋菜凍磷葉石。

異象水晶
（糖漬蘋果＆洋菜凍）

Garden Crystal
made of Apple Compote and Agar Jelly

利用透明洋菜凍和糖漬蘋果，做出包著內含物的異象水晶。

> **異象水晶**　　　Mineral Note
> （庭園水晶）
> 結晶過程混入其他礦物或泥岩等雜質的水晶。看起來就像水晶裡封藏著自然風景一樣美麗。

❖Materials❖ （10顆份／依模具大小而定）

內含物部分（糖漬蘋果）

蘋果…1顆
細白砂糖…蘋果重量的1成
MONIN風味糖漿／綠薄荷…30cc
色粉…適量
蘋果白蘭地（以蘋果為原料的蒸餾烈酒）…20cc

水晶部分

水…150cc
細白砂糖…20g
洋菜粉…4g
MONIN風味糖漿／
莫西多…20cc

整體流程

製作內含物（糖漬蘋果）→製作水晶（薄荷洋菜凍）→在薄荷洋菜凍液中加入糖漬蘋果，再拿去冷藏凝固

Recipe

製作內含物部分

2 瀝乾之後放入鍋中，接著加入蘋果重量1成的細白砂糖，開中火加熱。蘋果的水分滲出後，再加入糖漿和蘋果白蘭地，繼續煮至水分收乾即可關火。待冷卻後進冰箱冷藏至冰透。

1 蘋果切丁，泡入淡淡的鹽水避免氧化變色。

製作水晶部分（參照p.28洋菜凍的基本做法）

1 先於盆中混勻細白砂糖與洋菜粉。
2 混合水和糖漿，接著倒入鍋中加熱至沸騰。
3 離火後將1加入鍋中，並以打蛋器攪拌均勻。接著倒入水晶造型模具。
4 馬上丟入糖漬蘋果，接著進冰箱冷藏約1小時凝固。

Arrange

製作洋菜凍水晶時，可依喜好選擇其他透明的風味糖漿來代替莫西多風味糖漿。
內含物的部分也一樣，若不喜歡薄荷味道，可以用哈密瓜刨冰糖漿代替。
糖漬蘋果切成大小不一的樣子比較真實。如果剛好碰到桃子的產季，也可以用桃子來製作。

Point 製作水晶造型的洋菜凍模！

雖然市面上也有賣水晶造型模具，不過用自己喜歡的水晶翻模，可以做出更逼真的成品。
材料：喜歡的水晶（六角錐）、食品用矽膠（此處用HTV-4000，硬度普通）…1kg、免洗筷、熱熔膠、紙杯、剪刀
※矽膠可上Amazon購買，熱熔膠可於百圓商店購買。

1 水晶底部上一點熱熔膠，黏在筷上，如圖所示，將水晶倒掛在紙杯上。接著將食品用矽膠A、B兩罐原料以比例1：1拌勻後倒入杯中。倒入矽膠時要小心避免水晶周圍產生氣泡。

2 靜置於水平處8小時～1天，待矽膠凝固後以剪刀剪開紙杯，並移除水晶上的熱熔膠。

3 拔出水晶後，模具就完成了。

免洗筷　熱熔膠

水平!!

07

賓漢螢石
（洋菜凍＆慕斯）

Fluorite made of Agar Jelly and Mousse

用優格慕斯打造母岩，擺上藍色的洋菜凍立方體結晶，仿製賓漢產的螢石。

賓漢螢石　　　Mineral Note

新墨西哥州賓漢（Bingham）開採出一種深藍色的螢石。這種螢石的特色在於其結晶為立方體。附著在白色母岩上的藍色結晶，看起來清涼沁人。

❖**Materials**❖ （8塊份）

母岩用優格慕斯	結晶用洋菜凍
優格（原味）…200g	水…150cc
糖粉…40g	MONIN風味糖漿／藍柑橘…20cc
吉利丁片…4g	細白砂糖…20g
鮮奶油（打發用）…250cc	洋菜粉…4g
鮮奶油（與吉利丁混合用）…10cc	
冰水…適量	

也可以使用蝶豆花風味糖漿。雖然色調略有不同，但也很漂亮。

整體流程

製作優格慕斯→製作螢石部分的藍色洋菜凍→將洋菜凍堆疊到慕斯上

Recipe

製作母岩（參照p.29慕斯的基本做法）

1 以攪拌機打發鮮奶油250cc，打至能豎起尖角的狀態。
2 準備多一點冰水泡發吉利丁片。
3 盆中加入原味優格和糖粉，混合均勻。
4 取另一盆，加入鮮奶油10cc。泡發的吉利丁擰乾後也加入盆中，隔水加熱慢慢溶解（也可用微波爐）。
5 待4冷卻後盡速與3混合。接著再加入1，以打蛋器拌勻。
6 將慕斯圈擺在長方盤上，填入5後進冰箱冷藏。待凝固即完成！

製作結晶（參照p.28洋菜凍的基本做法）

1 先於盆中混勻細白砂糖與洋菜粉。
2 混合水和糖漿，接著倒入鍋中加熱至沸騰。
3 離火後將1加入鍋中，並以打蛋器攪拌均勻。接著倒入製冰盒（小方塊冰），進冰箱冷藏凝固。

組合

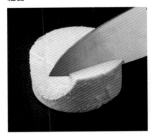

1 慕斯脫模後，拿刀稍微修飾一下，削成更接近母岩的模樣。

2 削成稜稜角角的底座。

3 藍色洋菜凍脫模後擦乾表面水分，緊密堆放在母岩上。

4 完成！

Point 吉利丁的小知識

吉利丁是動物骨或動物皮中含有的膠原蛋白經加熱變性製成。目前市面上的吉利丁原料大多為牛骨或豬骨，類型則分成「粉狀」、「顆粒狀」、「片狀」。本書選用的是吉利丁片，若只有買到吉利丁粉，使用前記得先用少量的水溶解（或說泡發）。倘若忽略這個步驟，後續可能會產生結塊。最近愈來愈常見的吉利丁顆粒不需要先泡發，可以直接加入溫熱的液體之中，非常方便，美中不足的是價格稍高。若吉利丁碰到強酸物質，會變得難以凝固。

石榴石
（糖漬櫻桃）

Garnet made of Cherry Compote

以黑芝麻口味的義式奶酪作為母岩，再放上一顆櫻桃做成的石榴石結晶。

鐵鋁榴石   Mineral Note
（Almandine）

屬於一種石榴石（Garnet）。顏色為深沉的暗紅色，多呈現十二面體或鳶形二十四面體（deltoidal icositetrahedron），造型似果實。不同產區的鐵鋁榴石，母岩顏色也不太一樣。若要製作阿拉斯加產的鐵鋁榴石，可以用多一點黑芝麻醬將義式奶酪調成灰黑色。若是巴基斯坦產的，則減少芝麻醬用量，讓義式奶酪顏色白一點。

❖Materials❖　（8塊份）

母岩部分（義式奶酪）
牛奶…250cc
鮮奶油…250cc
細白砂糖…60g
吉利丁片…8g
黑芝麻醬…50g
冰水…適量

結晶部分（1鍋份，不會全部用完）
美國櫻桃…1包
紅酒…500cc
細白砂糖…200g
檸檬皮…1顆份
橙皮…1顆份
八角…1粒
香草籽…適量
肉桂…適量

整體流程
製作義式奶酪→製作結晶部分的糖漬櫻桃→將糖漬櫻桃放到義式奶酪上

Recipe

製作母岩

1 準備多一點冰水泡發吉利丁片。

2 鍋中加入牛奶和鮮奶油℃熱（熱至可以溶解細白砂糖的溫度）。

3 關火℃入細白砂糖，還有擠乾水分的吉利丁片。

製作石榴石結晶
（參照p.30糖漬水果的基本做法）

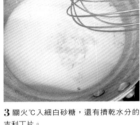

1 櫻桃去籽備用。
2 削取檸檬皮，切成1cm左右小片備用。
3 削取橙皮，切成1cm左右小片備用。
4 刮下香草籽備用（若無香草籽，可以香草精代替）。
5 深鍋中加入紅酒，開火煮至沸騰，揮發掉酒精。
6 5中加入1～4的材料還有八角、肉桂，以中火熬煮20～25分鐘。

4 3中加入黑芝麻醬，並攪拌均勻。

5 冷卻後倒入模具，冷藏約2～3小時凝固。

組合

1 凝固好的義式奶酪。

2 拿大湯匙舀一塊出來裝進碗裡。

3 用湯匙挖出一個小凹槽，放上櫻桃就完成了！

09

葡萄石
（巧克力橙條＆糖衣葡萄）

Grape Candy Prehnite and Oranget Tourmaline

利用透明洋菜凍和糖漬蘋果，做出包著內含物的異象水晶。

葡萄石   Mineral Note

（Prehnite）

葡萄石是一種淡綠色的礦物，有幾種不同的結晶形狀，其中圓滾滾的結晶看起來就像顆顆麝香葡萄。

❖Materials❖　（約10組份）

葡萄石部分
葡萄（晴王麝香葡萄、
或黃色的大顆葡萄）…約20顆
細白砂糖…500g
水…100cc
水麥芽…50g

電氣石部分
烘焙用橙條
（蜜漬橘子皮絲條）…20根
黑巧克力…適量

整體流程
製作糖衣葡萄→製作巧克力橙條→搭配擺盤

Recipe

製作糖衣葡萄（葡萄石）

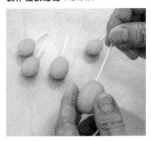

1 葡萄清洗乾淨後擦乾表面水分，插上一根牙籤。

2 鍋中加入水、細白砂糖、水麥芽，開中火加熱。沸騰後轉小火，慢慢煮至160℃。

3 溫度達160℃後，鍋子離火，置於潮濕的抹布上。將 **1** 浸入鍋中，包裹均勻糖液後，靜置於矽膠烘焙墊上。

製作巧克力橙條（電氣石）

1 準備好蜜漬橘子皮絲條（橙條）。

2 進行巧克力調溫。

3 巧克力調溫完成後丟入橙條裏勻，接著取出置於矽膠烘焙墊上風乾。

Point 巧克力調溫(Chocolate Tempering)

調溫是製作巧克力甜點時非常重要的一道程序。藉由調整溫度，分解巧克力原本的可可脂，並重新結成更安定、細膩的結晶狀態。調溫過的巧克力顏色較均勻，口感也較滑順。如果沒有好好拿捏溫度變化，只顧讓巧克力融化再冷卻凝固，成品表面可能會變得白白的，或無法漂亮成形。
做甜點用的巧克力有3種，分別是「黑巧克力」、「牛奶巧克力」、「白巧克力」。每一種巧克力的融化溫度、下降溫度、調整溫度都不一樣。

1 巧克力剁碎後，以50℃的熱水進行隔水加熱，融化巧克力（別讓水氣跑進巧克力）。
2 盆底泡泡冰水，將液態巧克力降溫至25℃左右。
3 再次隔水加熱至30℃，加熱過程需持續攪拌。重複以上兩個動作直到巧克力質地變得綿滑。

巧克力種類	融化溫度	下降溫度	調整溫度
黑巧克力	50～55℃	27～29℃	31～32℃
牛奶巧克力	45～50℃	26～28℃	29～30℃
白巧克力	40～45℃	26～27℃	29℃

■融化溫度……
一開始融化巧克力的目標溫度。
■下降溫度……
盆底浸泡泡冰水冷卻的目標溫度。
■調整溫度……
再次隔水加熱升溫的目標溫度。

完成！

10

辰砂
（血橙雪酪）

Cinnabar made of Blood Orange Sorbet

以白色起司蛋糕為底，挖上一點血橙雪酪，就可以做出辰砂結晶的模樣。

辰砂   Mineral Note
（Cinnabar）
辰砂的成分是硫化汞，也就是硫
礦和水銀的礦物。真正的辰砂當
然是不能食用的，不過鮮紅的結
晶，令人不禁聯想到莓果甜點。

母岩用生乳酪蛋糕

奶油乳酪…200g

鮮奶油（與乳酪混合用）…30cc

鮮奶油（打發用）…60cc

牛奶…80cc

蛋黃…2顆份

細白砂糖…40g

吉利丁片…4g

檸檬汁…8cc

冰水…適量

血橙雪酪

柳橙果汁…1顆份（80cc）

細白砂糖…1大茶匙（12g）

MONIN風味糖漿／血橙…80cc

蛋白…1顆份

整體流程

製作生乳酪蛋糕母岩→製作血橙雪酪結晶→修飾母岩造型→挖上雪酪

Recipe

製作生乳酪蛋糕母岩

1 準備多一點冰水泡發吉利丁片。

2 盆中放入蛋黃和細白砂糖，以打蛋器攪拌至泛白。

3 鍋中倒入牛奶，加熱至快沸騰的程度。

4 待3稍微冷卻一些後再加入2，並以矽膠刮刀攪拌。

5 將4移至爐上，開小火加熱同時攪拌。當溫度達83℃，蛋液會開始熟化並凝固，所以若鍋中液體開始變得濃稠即可離火，並繼續攪拌，利用餘溫維持溫度約3分鐘。

6 將1的水分擰乾℃入5。

7 將6過濾後倒入盆中，再加入檸檬汁。

8 食物調理機中放入切成3cm見方的奶油乳酪和鮮奶油30cc，啟動攪拌。

9 以攪拌機打發鮮奶油60cc，打至能豎起尖角的程度。打發少量材料時，建議使用桌上型或手持式的電動攪拌機。

10 將8全部倒入7，以打蛋器攪拌。盆底泡在冰水裡降溫，並攪拌增加濃稠度。

11 加入9後繼續攪拌混合。

12 慕斯圈置於長方盤上，倒入乳酪糊後進冰箱冷藏降溫。

製作血橙雪酪結晶

1 耐熱容器中放入柳橙汁，用微波爐加熱10秒。

2 1中加入細白砂糖並混合均勻。接著加入風味糖漿。

3 攪拌均勻後進冰箱冷藏降溫。

4 蛋白打發至能豎起尖角的程度。

5 4中加入3混合，接著放入冷凍庫。

組合

1 將乳酪蛋糕削成接近母岩的模樣。

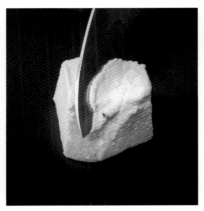

2 在中央削出一個小凹槽。

3 挖一點雪酪放入凹槽就完成了！

Point

製作雪酪時，每冷凍一段時間至稍微凝固後，要先拿出來用湯匙整個攪散一遍，再放回冰箱繼續冰。重複這個動作數次，可以讓雪酪含有更多空氣，吃起來更綿軟。如果希望成品更像真正的結晶，也可以選擇不攪散，待整塊凝固後再用刀子切出想要的造型。

本譜並非簡易版乳酪蛋糕，而是甜點師等級乳酪蛋糕，使用了英式蛋奶醬（Crème anglaise）來製作。

11

尖晶石
（法式水果軟糖＆檸檬塔）

Spinel made of Pâtes de Fruits and Tarte au Citoron

檸檬塔上擺著一顆鮮紅的八面體軟糖，模仿尖晶石的樣子。

尖晶石 *Mineral Note*

（Spinel）

大多為八面體結晶，有紅色、粉紅色、藍色、綠色、黃色等不同顏色。
不過最受歡迎的還是紅色的結晶。

❖ Materials ❖

結晶部分（500ml的保存容器一個份）
冷凍果泥
（boiron牌草莓果泥）…250g
細白砂糖…287g
水麥芽…60g
蘋果汁…62cc
細白砂糖（混合果膠粉用）…30g
果膠粉…6g
檸檬酸…7.5g

底座的母岩（直徑6cm的慕斯圈4～6個份）
餅乾…100g
白巧克力…30g

檸檬餡（直徑6cm的慕斯圈4～6個份）
全蛋…3顆
細白砂糖…150g
檸檬…皮1顆份、汁2顆份
奶油…50g

整體流程
製作結晶→製作母岩的檸檬餡→製作母岩的塔底→組合所有材料

Recipe

製作結晶

1 盆中加入細白砂糖287g，在中間挖一個洞，倒入水麥芽60g（水麥芽盡量不要直接接觸容器，測量分量時比較準確）。

2 取另一盆，事先混合細白砂糖30g和果膠粉。

3 準備冷凍果泥（草莓）。

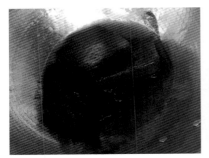

4 鍋中加入 **3** 和蘋果汁，開火加熱。

5 開始冒煙℃入 **2**，並以打蛋器攪拌。

6 開始冒泡℃入 **1** 並攪拌。

7 再次煮至沸騰℃入檸檬酸水，待鍋內升溫至107℃後離火。假如溫度太低則不會凝固，所以務必使用料理溫度計確認溫度。

8 長方盤中鋪好耐高溫保鮮膜，倒入軟糖液。待稍微冷卻後，進冰箱冷藏1天。

製作檸檬餡

1 削取檸檬皮、擠檸檬汁備用。

2 將奶油切成小塊備用。

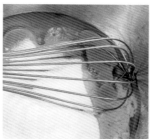
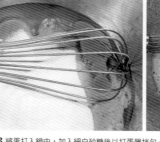

3 將蛋打入鍋中，加入細白砂糖後以打蛋器拌勻。

4 3中加入 1，開中火加熱並同時以打蛋器攪拌至沸騰。

5 鍋底也要充分攪拌到，避免黏鍋燒焦。煮到整體開始變得濃稠為止。

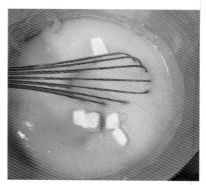

6 關火℃入 2 混勻。

7 將 6 過濾倒入盆中，盆底浸泡冰水讓餡料降溫至60℃。同時以手持式電動攪拌機打至整體呈現綿滑狀。

8 均勻倒入長方盤，進冰箱冷藏凝固。

製作母岩底座

1 將餅乾放入鋪好烘焙紙的長方盤上，以擀麵棍搗碎。

2 鍋中放入白巧克力，以隔水加熱方式融化。

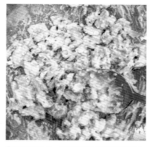

3 將 2 加入 1，攪拌至每塊餅乾碎塊均勻裹上巧克力。

4 鋪入慕斯圈並壓實，待凝固即可。

組合

1 將檸檬餡裝入擠花袋，擠在餅乾底上。

2 將草莓軟糖切成八面體。首先將刀子打斜120度，切出長條。

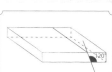

3 接著刀子垂直轉向，一樣打斜120度切成小塊。

4 接著沿對角線切割，即可做出八面體。

5 將軟糖鑲上1，並輕輕按壓固定位置。

Point

可以將奶酥堆成一圈，避免檸檬餡漏出。奶酥不要擺得太整齊，看起來會更有母岩的感覺。

礦物・文學・甜點

「Book & Café APIED」是一間僅於春、秋兩季營業的老屋咖啡廳。
他們既有發行自己編纂的文藝雜誌，每週也會推出不同主題的文學蛋糕。
以下分別介紹宮澤賢治、中原中也，還有APIED招牌的
萩原朔太郎等文學礦石蛋糕。

宮澤賢治的十力金剛石

摘自

《彩虹調色盤》

宮澤賢治

十力金剛石恰似露水。

而且、而且，十力金剛石又不只是露水。蔚藍的天空，耀眼的太陽，奔越山丘的風。花兒芬芳的花瓣、花蕊，草兒柔弱的身體。揹起這一切的山丘和原野，王子的天鵝絨上衣和淚光閃閃的眼眸，全部、全部，都是十力金剛石。

抹茶海綿蛋糕與巧克力慕斯製山丘，搭配琥珀糖製露水的礦物蛋糕。

❖Design❖

❖Tools❖

不鏽鋼盆、直徑14cm的不鏽鋼盆、麵粉篩、矽膠刮刀、打蛋器、刀、擠花袋＆花嘴、刷子

❖Materials❖ （直徑14cm的碗狀1個份）

抹茶海綿蛋糕
麵粉…70g　蛋…2顆　細白砂糖…60g　抹茶粉…3g
牛奶…10cc　奶油…10g

糖漿（水50cc＋砂糖25g）

巧克力慕斯
巧克力…90g　鮮奶油…150cc　牛奶…適量

抹茶鮮奶油
抹茶粉…3g　鮮奶油…50cc　細白砂糖…10g

琥珀糖（無色）
寒天粉…4g　細白砂糖…300g　水…200cc

食用鮮花…適量

Recipe

製作抹茶海綿蛋糕　製作海綿蛋糕基底。

1 將蛋黃攪散，加入一半的細白砂糖，繼續均勻攪打至泛白。

2 另一盆蛋白中，分3次加入剩下的細白砂糖並打發。打至蓬鬆且有光澤，撈起時尖端會微微垂下的狀態。

3 將2加入1，以矽膠刮刀輕拌1～2次後，加入篩過的麵粉和抹茶粉，繼續攪拌至感覺不到任何粉末。

4 取另一盆放入牛奶和奶油，隔水加熱至融化後，挖一塊3加入拌勻。接著再和剩下的3混合，攪拌出光滑色澤。攪拌時須避免消泡。

5 將4裝入擠花袋，於烘焙墊上擠出直徑14cm、10cm的圓形，剩下的麵糊則擠成棒狀。送入預熱好180℃的烤箱，烤12～15分鐘。

6 出爐冷卻後，削掉圓形海綿蛋糕邊緣突出的乾硬部分。棒狀海綿蛋糕則用麵粉篩壓碎，或用菜刀剁碎成粉狀備用。

製作巧克力慕斯 混合巧克力和鮮奶油，做成綿綿滑滑的慕斯。

1 以50℃的熱水隔水加熱，融化巧克力。

2 鮮奶油打至八分發（可以豎起柔軟尖角的程度），可加入自己喜歡的洋酒。

3 以刮刀挖取少許鮮奶油，加進巧克力攪拌。這時先不要完全拌勻，讓巧克力和鮮奶油變成油水分離、質地粗糙的狀態。

☾ Point

暫時油水分離再重新攪拌乳化，可以做出更滑順的口感。

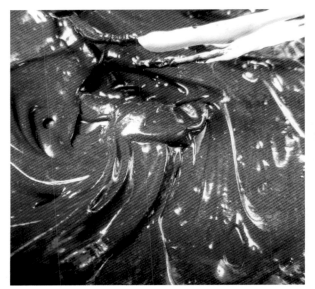

4 再次以50℃的熱水隔水加熱，並再挖取些許鮮奶油加入，攪拌至乳化且整體出現光澤的狀態。

5 加入剩下的鮮奶油並攪拌均勻。攪拌過程若開始硬化，就再將盆底泡入熱水加溫，維持容易攪拌的狀態。

組合蛋糕 結合海綿蛋糕和慕斯。

1 事先做好糖漿（水50cc＋砂糖25g）備用。在圓形抹茶海綿蛋糕表面刷上滿滿糖漿。

2 核桃稍微炒過後搗碎備用。

3 模具中填入1/2的巧克力慕斯，並用湯匙推開慕斯，均匀鋪滿模具內部。

4 取一半核桃碎粒鋪在底部，接著水平放入直徑10cm的抹茶海綿蛋糕。

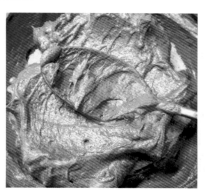

5 填入剩下的巧克力慕斯，以湯匙均匀抹開，並推出多餘的空氣。

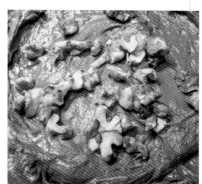

6 鋪上剩下的核桃。

7 蓋上直徑14cm的抹茶海綿蛋糕，用手輕輕按壓，確保蛋糕片與盆底平行。

8 包上保鮮膜，放入冷凍庫靜置3小時。

裝飾 也可用市售琥珀糖代替。

1　製作透明琥珀糖

1 鍋中加入寒天粉、水、細白砂糖後攪拌均勻，開中火加熱至沸騰。

2 轉小火繼續煮，避免燒焦。煮出黏稠度後關火，靜置放涼。

3 倒入模具（例如長方盤），冷藏2小時凝固。

4 切成喜歡的形狀，置於通風良好處風乾數日～1週。風乾期間需適時翻動。

2 取少量熱水泡開抹茶粉備用。

3 混合**2**和鮮奶油、細白砂糖，打至八分發。

4 拿出冷凍庫裡組合好的蛋糕，盆子泡溫熱水數秒後脫模。

5 撒上海綿蛋糕粉並用手輕壓，讓蛋糕表面均勻裹上粉。

6 蛋糕周圍擠上抹茶鮮奶油。

7 裝飾食用鮮花，最後於頂端放上琥珀糖即完成！

02

中原中也的童話蛋糕

《一則童話》

中原中也

秋夜，遙遠的另一頭，
有片砂石滿佈的河畔。
陽光嘩啦啦、嘩啦啦地，
照在河畔上。

你說是陽光罷，我看倒像矽石。
好似不凡的個體磨成了粉。
怪不得陽光灑落時，
發出嘩啦啦啦的聲響。

看那小石子上，停了一隻蝴蝶。
色彩朦朧，身姿明晰。
遮蔽陽光，投下陰影。

待到不見蝶影時，驀然發覺，
乾枯許久的河床，
竟嘩啦啦、嘩啦啦地
流著清澈的水……

利用巧克力蛋糕和琥珀糖顆粒，表現矽石與光影對比。

❖Design❖

❖Tools❖

不鏽鋼盆、麵粉篩、濾茶網、鋸齒刀（如果沒有就用一般的菜刀）、刀、矽膠刮刀、手持式攪拌機、打蛋器、擠花袋＆花嘴、15×15cm的方形蛋糕模（也可以在平盤上鋪保鮮膜代替）、長方盤、刮板

❖Materials❖ （6塊份）

達克瓦茲
杏仁粉…100g　糖粉…60g　麵粉…17g　蛋白…120g
細白砂糖…30g

巧克力慕斯
巧克力…125g　鮮奶油…200cc

芒果（也可用香蕉或鳳梨）…適量

琥珀糖（無色，可直接使用市售品）
寒天粉…4g　細白砂糖…300g　水…200cc

可可粉…適量

蝴蝶剪紙

製作達克瓦茲　達克瓦茲是一種蛋白霜加杏仁粉烘烤製成的糕餅。

1 盆中加入蛋白，以手持式攪拌機打至起泡。加入1/3的細白砂糖，開始打發。打至整體變得蓬鬆、表面出現光澤時，再分2次加入剩下的細白砂糖並繼續打發。需打發至撈起時尖角質地柔軟，會微微垂下的狀態。

2 將事先一同過篩好的麵粉、杏仁粉和糖粉分2次加入**1**，並以刮刀拌勻至能稍微看出粉末的質地為止。攪拌動作需小心，以免消泡。

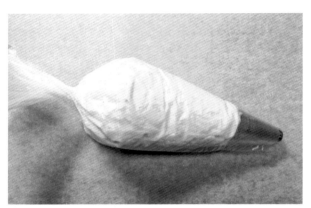

3 將**2**填入裝好花嘴的擠花袋。

4. 將麵糊擠成2個15cm的正方形並攏的形狀,來回撒上糖粉。送入預熱好180℃的烤箱,烤12～15分鐘。

5. 烤好的模樣。切除邊緣整形。

☾Point 製作巧克力慕斯(參照p.59)

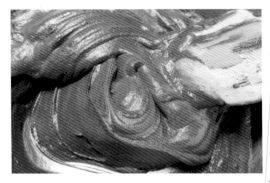

1. 準備50℃的熱水,隔水加熱融化巧克力。

2. 鮮奶油打至八分發(可以豎起柔軟尖角的程度)。可加入自己喜歡的洋酒。

3. 以刮刀挖取少許鮮奶油,加進巧克力攪拌。這時先不要完全拌勻,讓巧克力和鮮奶油變成油水分離、質地粗糙的狀態。油水分離過一次後再攪拌至乳化,就能做出綿滑的口感。

4. 再次以50℃的熱水隔水加熱,並再挖取些許鮮奶油加入,攪拌至乳化且整體帶有光澤的狀態。

5. 加入剩下的鮮奶油並攪拌均勻。攪拌過程若開始硬化,則再將盆底泡入熱水加溫,維持容易攪拌的狀態。

組合蛋糕 堆疊蛋糕和慕斯,重點在於避免空氣跑進去。

1. 長方盤上鋪一張保鮮膜,擺上模具。

2. 底層先鋪一塊達克瓦茲,填入1/4的巧克力慕斯,用湯匙均勻推開。

3. 擺上芒果塊(或其他水果)。

4. 剩下的巧克力慕斯挖一半填入模具,並用湯匙推開,排出多餘空氣。

5. 蓋上另一片達克瓦茲,並用手輕輕壓實壓平。

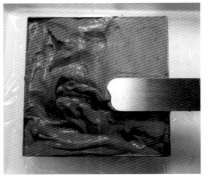

6 填入剩下的巧克力慕斯,同樣用湯匙推開,排出多餘空氣。最後用抹刀整平表面。

7 放冷凍庫3小時凝固。

裝飾蛋糕 蝴蝶造型的剪紙版型分成很多種,每一種都可以試試看。

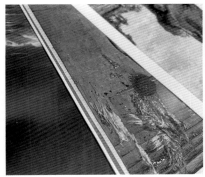

1 將透明的琥珀糖剁碎備用。

2 選擇顏色漂亮的明信片或雜誌頁,剪成蝴蝶的形狀。想像製作拼貼畫,選擇喜歡的紙張。

3 取出冷凍庫的蛋糕,用泡過熱水的布稍微溫熱模具外圍,幫助脫模。

4 以鋸齒刀修掉四邊,切成漂亮的正方形後再切成6等份。刀子建議先泡過溫熱水再使用。

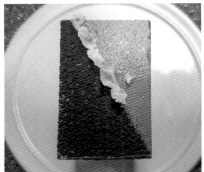

5 刮板沿著對角線擋住一半的蛋糕,再用濾茶網篩上可可粉。

6 在沒有可可粉的那一半擺上琥珀糖碎塊,小心不要超出蛋糕邊界。最後用紙蝴蝶潤飾交界處即完成。

萩原朔太郎的《吠月》礦石

圖為萩原朔太郎首本詩集《吠月》的封面。

這本詩集於大正六（1917）年出版，

封面是由田中恭吉設計。

本譜蛋糕的靈感即來自這張封面圖。

鮮豔卻又略感暗沉的覆盆子慕斯，包上鏡面白巧克力，
裝飾成《吠月》封面的造型蛋糕。

❖ Design ❖

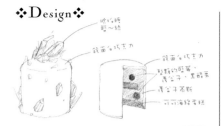

❖ Tools ❖

不鏽鋼盆、麵粉篩、打蛋器、矽膠刮刀、刀、大湯匙、濾茶網、擠花袋＆花嘴、小鍋子、直徑6cm×高4.5cm的慕斯圈4個、烤網、長方盤、牙籤

❖ Materials ❖　（直徑6cm×高4.5cm的慕斯圈4個份）

達克瓦茲
杏仁粉…70g　糖粉…45g　麵粉…12g　蛋白…90g　細白砂糖…25g

覆盆子慕斯
覆盆子果泥…100g　吉利丁片…4g　鮮奶油…80cc
細白砂糖…30g　冰水…適量

藍莓（新鮮或冷凍皆可）…12顆

鏡面白巧克力
白巧克力…50g　鮮奶油…100g　水麥芽…10g　吉利丁片…3g
冰水…適量

琥珀糖（藍、綠、紫等市售品）…適量
金箔…適量

Recipe

製作達克瓦茲　參照p.63的做法，做出圓形的達克瓦茲。

1 盆中加入蛋白，以手持式攪拌機打至起泡。加入1/3的細白砂糖，開始打發。打至整體開始蓬鬆、表面出現光澤時，再分2次加入剩下的細白砂糖並繼續打發。需打發至撈起時尖角質地柔軟，會微微垂下的狀態。

2 將事先一同過篩好的麵粉、杏仁粉和糖粉分2次加入1，並以刮刀拌勻至能稍微看出粉末的質地為止。攪拌動作需小心，以免消泡。

3 將2填入裝好花嘴的擠花袋。

4 烘焙紙上擠出4個直徑6cm的圓形，剩下的麵糊平均擠成4小顆。來回撒上糖粉並送入預熱好180℃的烤箱，烤12～15分鐘。

5 達克瓦茲出爐後，用慕斯圈壓切整形備用。

製作覆盆子慕斯　結合覆盆子果泥和鮮奶油，做成鮮紅色的慕斯。

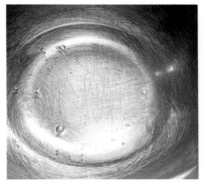

1 先用冰水泡發吉利丁片。

2 擠乾多餘水分後隔水加熱，待完全融化℃入部分覆盆子果泥拌勻。

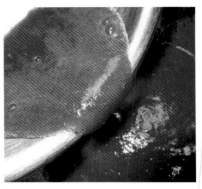

3 將剩下的覆盆子果泥加入2，並攪拌均勻。

4 將鮮奶油打至七分發（撈起時會緩慢垂落的程度）。

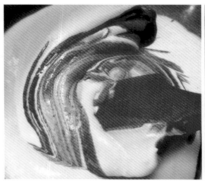

5 將4分3次加入3，每一次加入後都要攪拌均勻。

組合慕斯和達克瓦茲　將覆盆子慕斯和達克瓦茲組裝成圓柱形小蛋糕。

1 長方盤上鋪上一張保鮮膜，擺上慕斯圈。底層鋪一塊圓型達克瓦茲

2 挖取少量覆盆子慕斯填入模具，並用湯匙推平，排出空氣。

3 慕斯鋪平後擺上3顆藍莓。

4 填入覆盆子慕斯，能覆蓋藍莓的量即可。

5 擺上多餘分量做成的小顆達克瓦茲。

6 將剩下的覆盆子慕斯填入模具，並用湯匙確實填滿內部，排出空氣。最後用抹刀抹平表面，放入冷凍庫3小時待凝固。

製作鏡面巧克力　鏡面是一種利用巧克力或其他淋醬，讓蛋糕表面呈現光澤的裝飾技巧。

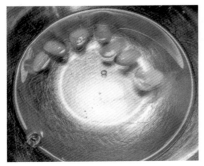

1 先用冰水泡發吉利丁片。

2 盆中放入白巧克力，隔水加熱。

3 將鮮奶油和水麥芽倒入小鍋中，開火加熱至沸騰前離火，並加入擠乾水分的吉利丁，攪拌至完全融化。

4 將3分幾次加入白巧克力，以刮刀溫柔攪拌均勻，避免起泡。

5 盆底浸泡冰水，不停攪拌並降溫。攪拌至變得濃稠，會緩慢流落的程度後即可停止降溫。可以準備一盆冰水、一盆熱水，以便隨時調整稠度。

裝飾　藍、綠、紫色的琥珀糖可依喜好用果汁、刨冰糖漿、利口酒來製作。

1 準備自己喜歡的彩色琥珀糖。若要自行製作請參照p.61的作法。

2 取出冷凍庫裡的蛋糕，用泡過熱水的布稍微溫熱模具外圍，幫助脫模。

3 修掉銳利的邊緣和坑坑巴巴的部分。接著將烤網架在長方盤上，再放上蛋糕。

4 淋上滿滿的鏡面白巧克力，直到完全掩蓋蛋糕。可以稍微提起烤網輕摔、晃動，讓多餘的鏡面巧克力往下流。

5 盛盤後於底部周圍貼上琥珀糖。若有鏡面巧克力沒覆蓋到的地方，用琥珀糖裝飾的同時可以順便遮擋。

6 往上堆疊琥珀糖，盡量堆高一點。最後用牙籤輕輕擺上金箔。

CHAPTER

3

礦物刨冰

到了夏天，總會想來碗刨冰。

用刨冰機做出來的細碎刨冰，裝在碗裡就好像礦物的母岩。

一旦開始講究糖漿的顏色，總又忍不住擺些結晶上去。

最後就用刨冰和水果做出了礦物結晶！

記得要快快吃掉這些礦物標本，否則一下子就融化了。

01

重晶石
（冰片）

Barite made of Shaved Ice

將冰咖啡做成薄薄的冰片，敲碎後就可以做成重晶石的結晶。

重晶石　　Mineral Note
（Barite）

石如其名，是一種非常重的礦物。不過外觀就像玻璃工藝品一樣透明又細緻。

❖ Materials ❖ （4碗份）

結晶部分
冰咖啡…100cc

母岩部分
有糖煉乳…80g
牛奶…800cc

代替糖漿的400次咖啡
即溶咖啡…5大茶匙
水…5大茶匙
細白砂糖…5大茶匙

Point 刨冰機的機型

DOSHISHA 電動雪花剉冰機

市面上的刨冰機（剉冰機）百百種，有小孩子喜歡的企鵝刨冰機或小熊刨冰機，也有仿造昭和時代冰店風格的復古製冰機（會和店旗一起擺在店面的那種）。還有可以做出新穎口感的新型電動刨冰機。不同造型的刨冰機，可以帶來不一樣的樂趣。我用的是可以製作二合一刨冰的DOSHISHA 電動雪花剉冰機。

規格：W145 × D100 × H355mm
材質：ABS／矽氧樹脂／POM／PE／不鏽鋼／PP
適用製冰盒：M尺寸、半尺寸（不可使用小冰塊）
專用配件包含M尺寸製冰盒1個、半尺寸製冰盒2組、保養刷

Recipe

製作結晶

1 平底保鮮盒中倒入薄薄的一層冰咖啡，並拿去冷凍。

2 結成冰後再切出自己喜歡的造型。

製作母岩

1 盆中加入牛奶和煉乳，仔細拌勻。

2 裝入製冰盒後進冰箱冷凍。

3 冷凍後將冰塊放入機器並啟動，刨好後稍微修飾造型。

4 將即溶咖啡粉、水、細白砂糖裝入寶特瓶，搖盪至濃稠狀。

5 將**4**淋在刨冰上。

組合

1 將刨冰堆成母岩的造型，再插上冰咖啡做成的結晶。冰咖啡要不要加糖可依自己喜好決定，不過建議泡得比平常喝的濃度濃一點，做成冰時顏色會比較漂亮，味道也比較夠。

2 完成！

玩玩其他變化！

摩洛哥重晶石

重晶石的結晶顏色多元，以上食譜是仿造巴西和中國四川產的褐色結晶。不過像摩洛哥則有產出水藍色的重晶石。考究產地和顏色，製作不一樣的礦物刨冰也很有樂趣。

❖Materials❖

結晶部分
MONIN風味糖漿／藍柑橘…50cc
水…50cc
檸檬汁…1大茶匙

母岩部分
水…800cc
原味糖漿…40cc
檸檬汁…1大茶匙

02

星型白雲母
（刨冰＆水果片）

Star Mica made of Shaved Ice and Fruits

刨冰插上星型水果，表現星型白雲母孿晶。

星型白雲母　　　Mineral Note
（Star Mica）
在礦物上歸類於白雲母。孿晶是指兩塊結晶
以一定角度接合在一起的狀態，而星型白雲
母即是一種近似星型的孿晶。

❖Materials❖ （4碗份）

結晶部分的刨冰
蜂蜜…12大茶匙
檸檬汁（或檸檬粉還原果汁）…12大茶匙
冰…適量

母岩部分
蘋果…2顆
黃金奇異果…2顆
冰水…200cc
鹽巴…5g

Recipe

製作結晶

1 將蜂蜜和檸檬汁倒入牛奶壺中調勻備用。

2 蘋果和黃金奇異果切成厚度3～5mm的薄片，蘋果浸泡鹽水避免氧化變色。

3 以星型餅乾模壓切2。

4 將刨冰堆成母岩的造型並均勻淋上 **1**，再插上星型水果片。

5 擺上薄荷葉裝飾就完成了！

Arrange

也可以用煉乳取代蜂蜜檸檬，
享受不一樣的甜蜜。

Point

有各種大小的星星看起來比較可愛。
除了蘋果和奇異果之外，也可以用其他水果製作星型水果片。
光是想像刨冰上插著各式各樣的水果結晶就覺得有趣極了。

03

水晶洞
（巧克力＆刨冰）

Geode made of Chocolate and Shaved Ice

在巧克力做的容器中填入刨冰，做成晶洞的造型。

晶洞（Geode）　　Mineral Note
熱水和地下水含的礦物質在岩石內部
空洞形成結晶的狀態。

Recipe

1 在圓形模具內部抹上一層油，以便後續脫模。

2 以隔水加熱方式融化黑巧克力。這時溫度別超過55℃（參照p.47的調溫介紹）。融化後，盆底浸泡冰水，讓巧克力降溫到28℃，然後再次隔水加熱並攪拌至溫度達30℃。

3 巧克力倒入模具後，再將模具顛倒過來。多重複幾次相同動作。

4 巧克力凝固後再將模具倒過來脫模。

5 混合結晶部分材料後製冰，接著放入機器做成刨冰。

6 將5填入巧克力碗，並在中央挖一個洞，看起來就會很像晶洞。

7 完成！

Arrange

也可以用白巧克力來製作容器，搭配藍柑橘糖漿做成的淡藍色刨冰，就成了天青石（Celestine）版本的藍晶洞（p.76的藍色刨冰）。

❖Materials❖
水…50cc
MONIN風味糖漿／藍柑橘…50cc
檸檬汁…1大茶匙

湖南螢石

（義式冰沙）

Granité made of Hunan Fluorite

鳳梨口味的母岩刨冰，加上藍柑橘結晶製成的義式冰沙。

湖南螢石   Mineral Note
螢石結晶的顏色千變萬化，中國湖南省產的螢石呈現清涼的藍色，且透明度十足，簡直是最適合夏季享用的甜點。

❖Materials❖ （4碗份）

母岩部分
鳳梨汁（100%原汁）…500cc
細白砂糖…50g
白酒…50cc

結晶部分
細白砂糖…1大茶匙
MONIN風味糖漿／藍柑橘…80cc
水…80cc
檸檬汁…1大茶匙

Recipe

製作母岩部分

1 鍋中加入白酒和細白砂糖，開中火加熱溶解砂糖。

2 1中加入鳳梨汁並攪拌均勻。待冷卻後在長方盤中倒入薄薄一層，進冰箱冷凍。

3 凝固後用叉子壓碎。

製作結晶部分

1 準備一個鍋子煮水（也可用微波爐），並加入細白砂糖溶解。

2 加入糖漿和檸檬汁，在平底容器倒入薄薄一層後進冰箱冷凍。冷凍後切成大塊。

3 以義式冰沙堆成母岩的造型，再擺上2就完成了！

Point

鳳梨汁可用鳳梨罐頭的糖水代替。
若使用鳳梨罐頭的糖水，直接和白酒混合後即可拿去冷凍。
假如要做給小孩子吃，或不喜歡酒味的人，記得在融化砂糖時將白酒煮沸，充分揮發掉酒精。

CHAPTER

4

藍色魔幻甜點

這一章會使用青森APPLE loves BLUE的濃縮液和藍色蘋果醬，

製作冷色系的甜點。

這兩款濃縮液和果醬的藍色來自於蝶豆花的花青素，

若用於製作糕點，就會和麵團的顏色混合成藍綠色。

如果碰到檸檬等酸性物質，則會變成紫色。

來自青森的天然藍色
蘋果濃縮液 & 果醬

世界首創湛藍的果醬和濃縮液，由青森某英語教室經營者小山優子研發。

使用皇室藍色澤的蝶豆花茶，還有青森當地產的蘋果，

製作出珠寶般晶瑩剔透的果醬和濃縮液。

青森純天然藍色蘋果果醬
嚴選青森縣蘋果，並利用蝶豆花茶染色，製作出色澤通透的純天然藍色蘋果果醬。

青森純天然藍色蘋果濃縮液
日本第一瓶皇室藍色的濃縮液。蝶豆花富含花青素，從中萃取出來的天然藍色色素美麗動人，可以滴入飲料調色，也可以用來增添甜點的色彩。

Recipe 使用藍色果醬和濃縮液的食譜一覽

1 在市售生乳酪塔中加入藍色濃縮液，再放上金箔，做成美麗的銀河蛋糕。
2 刨冰咖啡吧yelo製作的繡球花刨冰。
3 杯中放入藍色濃縮液製作的冰塊，再倒入氣泡酒，染出夢幻的紫色。
4 在杏仁豆腐粉、果凍粉中加入濃縮液做成的清涼藍色甜點。

青森純天然藍色蘋果濃縮液
60ml 1,200日圓（不含稅）。

〔網購通路〕
Village Vanguard 網路商店
https://vvstore.jp/

青森純天然藍色蘋果果醬
95g 800日圓（不含稅）。
170g 1,200日圓（不含稅）。

01

天河石
（戚風蛋糕）

Amazonite made of Chiffon Cake

藍色海綿蛋糕混合天然藍色蘋果果醬。

天河石   Mineral Note
（Amazonite）
藍綠色的微斜長石，我們稱作天河石，是古埃及人愛不釋手的寶石。

❖ **Materials** ❖ （直徑16.5cm的戚風蛋糕模1個份）

蛋黃…60g（約3顆）

細白砂糖（蛋黃用）…20g

細白砂糖（蛋白用）…40g

沙拉油…30g

水…40cc

低筋麵粉…80g

蛋白…160g（約大顆4顆或中顆5顆）

青森純天然藍色蘋果醬…30g

青森純天然藍色蘋果濃縮液…適量

色粉…適量

Recipe

1 將蛋黃攪散，加入細白砂糖20g後拌至泛白且呈現濃稠狀，再慢慢加入沙拉油並攪拌均勻。

2 1中慢慢加入水，同時不停攪拌。

3 2中篩入所有麵粉，攪拌至完全看不見粉末為止。

4 蛋白中分數次加入細白砂糖40g，打發成蛋白霜。打發後和3混合，並用刮刀採切拌方式拌勻。

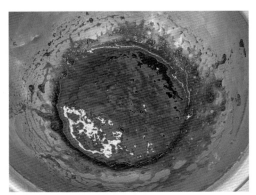

5 取另一盆，放入青森純天然藍色蘋果醬30g。

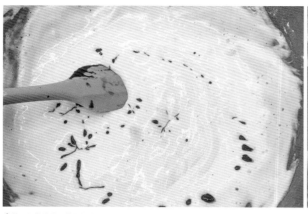

6 將**5**和濃縮液、適量色粉加入**4**，輕輕攪拌成不均勻的大理石紋路狀。

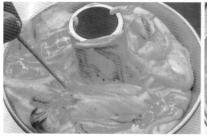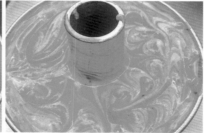

7 戚風蛋糕膜內部抹好油後，倒入麵糊。用竹籤修飾表面紋路的模樣。

8 送入預熱好170℃的烤箱，烤30分鐘。出爐後將模具倒置冷卻，冷卻後再脫模。

裁切

1 取適當大小的蛋糕。

2 切成礦物般的造型。我會故意留下外層的烤色。

3 完成！

> ## Point
> 戚風蛋糕冷卻時一定要將模具倒置，並且待完全冷卻後再脫模。若忽略以上兩點會導致成品塌陷，需特別注意！
> 使用不鏽鋼盆和打蛋器等器具前，應確認沒有任何多餘的水滴和油脂殘留。

02

藍銅礦
（馬卡龍）
Azurite made of Macarons

製作藍色馬卡龍，夾起藍色果醬，做成藍銅礦意象的夏季糕餅。
雖然外面有很多簡易馬卡龍食譜，但這裡我想介紹專業甜點師的做法。

藍銅礦　　　Mineral Note
（Azurite）
銅礦床風化後形成的次生礦
物。粉末可作顏料用，該色
在日文中稱作「群青」。

❖Materials❖　（20顆份）

馬卡龍
杏仁粉…125g
糖粉…125g
蛋白…42.5g（約大顆1顆或中顆1.5顆）

義式蛋白霜
蛋白…50g（約大顆1顆或中顆1.5顆）
細白砂糖…140g
水…50cc

青森純天然藍色蘋果濃縮液…適量
青森純天然藍色蘋果果醬…適量

Recipe

1 盆中放入杏仁粉、糖粉、濃縮液混合，並過篩2次備用。

Point 翻攪技巧

將粉團往盆底或邊緣壓扁，以搓拌方式翻攪。
之℃入義式蛋白霜混合時，則應注意不要過度攪拌。
烘烤時間請依使用烤箱調整，可從表面烘烤狀況來判斷。

2 取另一盆打入蛋白，稍微攪散後分2～3次加入**1**。攪拌時要用刮板鏟起盆底的粉料，確實翻攪，直到整體變得像是黏土變硬的狀態為止。翻攪完成後包上保鮮膜，避免粉團乾裂。

3 製作義式蛋白霜。以手持式或桌上型攪拌機將蛋白50g打發至能豎起尖角的程度。

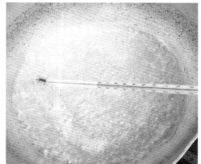

4 鍋中加入水和細白砂糖，開中火加熱。溫度達117℃後鍋子離火，置於潮濕的抹布上避免溫度繼續升高。

5 繼續打發**3**，同時將**4**如絲線般緩緩倒入。

6 打至蛋白霜降為室溫後，義式蛋白霜就完成了。

7 將一半的**6**加入**2**，並以刮刀拌勻。攪拌時小心結塊！

8 將剩下的蛋白霜加入 7，以刮板翻拌均勻。

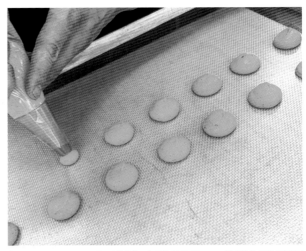

9 將 8 裝入擠花袋，擠在耐熱烘焙墊上，每顆之間間隔約3cm。接著置於室溫下風乾至輕觸表面時不會黏手的狀態，即可送入預熱好150℃的烤箱烤10分鐘，烤至表面摸起來乾燥即完成！

組合

多挖一點藍色果醬，夾起來就完成了！

Point 蛋白霜的種類

蛋白霜的做法分成法式、義式還有瑞士式。雖然3者都是混合蛋白和砂糖並打發製成，不過製作細節不太一樣。

法式蛋白霜是在蛋白打發過程中分次加入砂糖，打到可以豎起尖角的狀態。一般人直覺想到的蛋白霜，大多都屬於法式蛋白霜。

義式蛋白霜則是在稍微打發的蛋白中，緩緩加入煮到117℃的糖漿，利用糖漿的熱讓部分蛋白受熱硬化而製成的蛋白霜。

瑞士蛋白霜則是先將砂糖加入蛋白，然後以隔水方式加熱到50℃後將盆子取出，並開始打發直到冷卻為止。由於沒有加入任何水，所以質地相當硬挺，而且黏性和光澤都比義式蛋白霜更為出色。

o3

天藍方鈉石
（慕斯&洋菜凍）

Sodalite made of Mousse and Agar Jelly

將螢光色的洋菜凍鑲進天藍色的慕斯，做成方鈉石的模樣。

方鈉石 Mineral Note
（Sodalite）
形成青金石（Lapis lazuli）的礦物之一。方鈉石大多為藍色，不過也有其他顏色的結晶。用紫外線燈照射會呈現亮眼的橘色螢光。

優格慕斯

優格（原味）…200g

糖粉…40g

吉利丁片…4g

鮮奶油（打發用）…250cc

鮮奶油（與吉利丁混合用）…10cc

青森純天然藍色蘋果濃縮液…適量

冰水…適量

螢光部分的洋菜凍

能量飲料…170cc

細白砂糖…20g

洋菜粉…4g

Recipe

製作螢光部分

1 先在盆中均勻混合細白砂糖和洋菜粉備用。

2 鍋中倒入能量飲料，開中火煮至沸騰，再加入**1**混合。

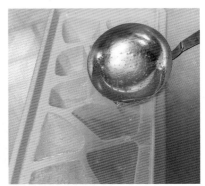

3 倒入製冰盒（不規則造型），待冷卻後進冰箱冷藏。

製作基底

1 將鮮奶油250cc打發至能豎起尖角的狀態。

2 準備多一點冰水泡發吉利丁片。

3 盆中加入原味優格和糖粉並攪拌均勻。

4 取另一盆，加入鮮奶油10cc。泡發的吉利丁擠乾後也加入盆中，隔水加熱溶解。用微波爐加熱雖然方便，但由於吉利丁融化速度快，微波時間必須設定短一點，視溶解狀況調整時間。

5 待4冷卻℃入3並迅速攪拌。接著加入1和藍色濃縮液，以打蛋器繼續拌勻。

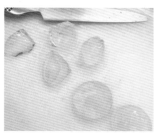  

6 慕斯圈置於烘焙墊上，倒入一半的5，放入螢光洋菜凍，再填入剩下的慕絲糊，放冰箱冷凍凝固。

修飾 & 切割

1 脫模時利用雙手溫度稍微溫暖模具，並輕壓一面脫模。

2 切割成礦物的模樣。

3 記得露出內部的洋菜凍。

4 最後切成稜稜角角的模樣就完成了！

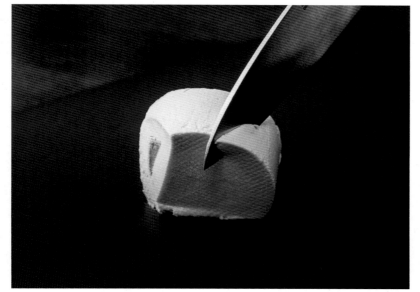

> ## Point
>
> 能量飲料含有的維他命B2（核黃素）呈現螢光黃綠色，所以受到紫外線燈照射時會發亮。將洋菜凍切碎一點，讓螢光的部位分散一些也很有趣。
>
>

綠柱石

（水果軟糖）

Emerald made of Pâtes de Fruits

法式水果軟糖中加入青森純天然藍色蘋果濃縮液，做出綠柱石的色調，並切成六角柱造型。

綠柱石 Mineral Note
（Emerald）

綠柱石（礦物名：Beryl）有
很多不同的珠寶型態，深綠色
的叫做祖母綠（Emerald），
水藍色的叫海藍寶石（Aqua-
marine），粉紅色的叫摩根石
（Morganite）。本譜是做成深
綠色的祖母綠，不過大家也可以
嘗試製作不同的顏色。

❖**Materials**❖　（30條份）

檸檬果泥（boiron 牌）…100g
細白砂糖…270g
水麥芽…55g
蘋果汁…200cc
細白砂糖…30g
果膠粉…6g
檸檬酸水…3cc
青森純天然藍色蘋果濃縮液…2cc
色粉…適量

Recipe

1 盆中加入細白砂糖270g，在中間挖一個洞，倒入水麥芽55g（水麥芽盡量不要直接觸容器，測量分量時比較準確）。

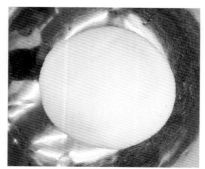

2 取另一盆，事先混合好細白砂糖30g和果膠粉。

3 將檸檬果泥和蘋果汁倒入鍋中加熱，然後再加入**2**並用打蛋器攪拌，沸騰℃入**1**並再次煮至沸騰。

4 待水麥芽完全融化後，滴入藍色濃縮液繼續燉煮。

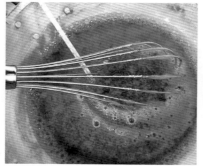

5 待鍋內液體升溫至106℃入檸檬酸水，升溫至107℃後離火。**若溫度太低則不會凝固，所以請務必使用料理溫度計確認溫度。**

6 長方盤中鋪好耐高溫保鮮膜，倒入軟糖液。待稍微冷卻後，放冰箱冷藏1天。

Point

燉煮過程須不斷下刮下鍋邊和鍋底的軟糖液，避免燒焦。加入檸檬酸水後，鍋內液體會馬上開始凝固。

修飾

1 以整塊軟糖的厚度為基準，切出正三角柱。長度則隨意。

2 切除三角柱的3個角。

3 完成！

Point

一般法式水果軟糖表面會沾上細白砂糖，避免全部黏在一起。不過這次我為了表現結晶的透明感，所以不沾砂糖直接擺盤。

如果做了太多，需要裝起來保存時，記得每一條軟糖都要都沾滿砂糖。

Point 複習礦物切割法

八面體尖晶石

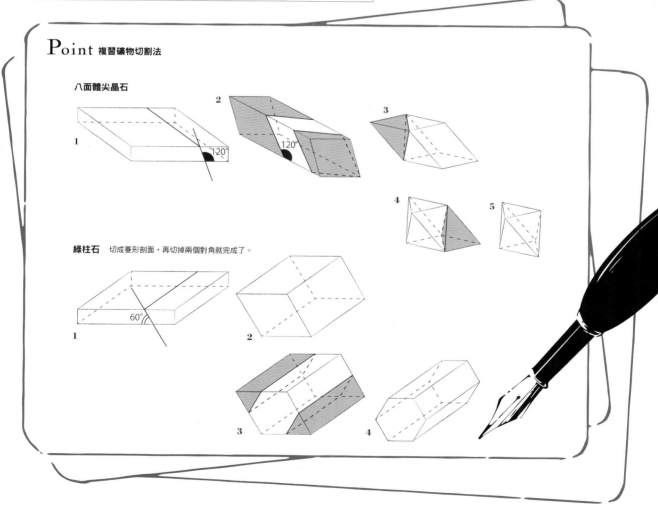

綠柱石 切成菱形剖面，再切掉兩個對角就完成了。

行星冰淇淋

我常常碰見看起來很好吃的礦物標本。

而今晚自東方升起的一輪明月，就令我聯想到淋上滿滿奶油的鬆餅。

各種行星的照片，看起來也好像一球球的冰淇淋。

夏天的甜點怎麼能少了冰淇淋？於是我決定嘗試用冰淇淋來製作各種行星。

用市售冰淇淋搭配製作是很方便，但既然要做，我更想從英式蛋奶醬開始做起。

一般來說，雪酪即使做得偏硬也很好吃。而且因為加了蛋白，

可以在冷凍過程翻攪多次，打入充足的空氣。

雖然也可以用同樣方法來製作冰淇淋，

但還是建議使用冰淇淋機，做出口感綿密，質地紮實的成品。

香草冰淇淋的基本做法

我會用英式蛋奶醬來製作香草冰淇淋。
如果使用冰淇淋機，可以將所有材料攪拌均勻後，直接倒入機器內製作。
不過我想介紹不一樣的英式蛋奶醬版食譜。習慣如何製作後，
還可以加以應用，例如擺盤時鋪底，或淋在料理上。
冰淇淋的法文是Glace，不過好像比較少日本人會用法文的名稱，
比較常聽到的應該是義大利文的Gelato。

❖Materials❖

牛奶…250cc　細白砂糖…240g　鮮奶油…250cc　蛋黃…200g（約10顆份）　香草莢…1根

1 鍋中倒入牛奶，接著刮下香草籽加入。加熱至沸騰前關火。

2 盆中放入蛋黃、細白砂糖，用打蛋器輕輕拌勻。

3 將**1**慢慢倒入**2**，並以打蛋器拌勻。小心不要將蛋黃燙成蛋花。

4 將**3**倒回鍋中，移回爐上開小火加熱，慢慢攪拌且刮鏟鍋底，避免形成結塊。讓蛋液整體均勻受熱。

5 煮到開始變濃稠，溫度達到80℃時離火。將蛋液過濾倒入盆中，盆底浸泡冰水降溫。冷卻後即可倒入冰淇淋機。

Point

本書經常可見測量溫度的動作。製作甜點時，溫度變化狀況會隨著鍋子大小和種類而有些許不同，所以食譜上會明確標示適切的溫度。雖然做習慣後慢慢就會知道大約煮多久可以達到適當溫度，不過多一個測量溫度的動作，還是可以減少失敗風險。

巧克力冰淇淋

❖Materials❖ 可可粉…120g　細白砂糖…100g　紅糖…70g　鹽巴…1小撮　牛奶…300cc
鮮奶油…700cc　香草精…適量

1 可可粉過篩備用。
2 盆中加入可可粉、細白砂糖、紅糖、鹽巴並混合。
3 2中加入牛奶，以打蛋器攪拌至看不見粉末為止。
4 3中加入鮮奶油，繼續攪拌。
5 將4倒入冰淇淋機。

Point

使用冰淇淋機時，可以先將混合好的材料冷凍數小時再放入，如此一來成品會更紮實、漂亮。

咖啡冰淇淋

❖Materials❖ 即溶咖啡…100g　細白砂糖…100g　紅糖…70g　鹽巴…1小撮　牛奶…300cc
鮮奶油…700cc　香草精…適量

1 即溶咖啡過篩備用。
2 盆中加入1、細白砂糖、紅糖、鹽巴並混合。
3 2中加入牛奶，以打蛋器攪拌至看不見粉末為止。
4 3中加入鮮奶油，繼續攪拌。
5 將4倒入冰淇淋機。

藍色冰淇淋

❖**Materials**❖　細白砂糖…100g　紅糖…70g　鹽巴…1小撮　牛奶…300cc　鮮奶油…600cc
香草精…適量　色粉…藍色／附屬小湯匙1/3、紅色／極少許　利口酒…適量

1 盆中加入色粉、細白砂糖、紅糖、鹽巴並混合。可以加入少量利口酒（如君度橙酒）增添香氣。
2 1中加入牛奶，以打蛋器攪拌至看不見粉末為止。
3 2中加入鮮奶油，繼續攪拌。
4 將3倒入冰淇淋機。

大理石紋冰淇淋

Point 冰淇淋勺的尺寸與份量

市面上有大大小小的冰淇淋勺，我們可以依據自己使用的冰淇淋勺尺寸和製作球數，決定要準備多少分量的原料。

〔規格〕

規格	挖勺直徑 × 全長
#28（20cc）	挖勺直徑30 × 全長190mm
#26（30cc）	挖勺直徑37 × 全長195mm
#24（36cc）	挖勺直徑39 × 全長200mm
#22（40cc）	挖勺直徑42 × 全長205mm
#20（60cc）	挖勺直徑44 × 全長205mm
#18（70cc）	挖勺直徑50 × 全長210mm
#16（100cc）	挖勺直徑55 × 全長215mm
#14（120cc）	挖勺直徑59 × 全長220mm
#12（170cc）	挖勺直徑65 × 全長225mm
#10（200cc）	挖勺直徑68 × 全長230mm
#8（220cc）	挖勺直徑75 × 全長235mm
#6（260cc）	挖勺直徑78 × 全長240mm

※括號內為挖成完整球形時的份量

〔使用方法〕

每次要挖取冰淇淋前，勺子都要先泡過水。這次因為是要盛裝於盤子上，所以選用#18的規格，如果是要裝在冰淇淋筒上，則以#16、#14較為適合。

1 將巧克力冰淇淋拌軟一些。
2 加入香草冰淇淋稍微混合，並用冰淇淋勺同時挖取2種顏色的冰淇淋，做成球狀。

01
水星

水星位於太陽和地球之間，所以平時不太容易看到。

照片上的水星，可以看到深藍色和淡褐色混在一起，

所以我將藍色、香草和咖啡冰淇淋拌在一起，並挖成圓球狀。

Recipe

1 準備藍色、香草和咖啡冰淇淋，並稍微拌在一起。
2 同時挖取3種顏色的冰淇淋，做成球狀。

O2

金星

金星有時是晨星，有時是暮星，是我們平時再熟悉不過的星體。

我用香草冰淇淋，還有用色粉調出的亮黃色冰淇淋，做成傍晚高掛於西方天上的明星。

雖然黃色冰淇淋中已經加了檸檬香精，

不過再削入一些檸檬皮，味道會更香。

Recipe

1 準備加了檸檬香精的黃色冰淇淋、香草冰淇淋，並稍微拌在一起。
黃色冰淇淋的作法參照p.97的Arrange 03藍色冰淇淋。
2 同時挖取2種顏色的冰淇淋，做成球狀。

o3

火星

火星之所以呈現朱紅色，是因為表面被一種含有類鐵鏽物質的紅土所覆蓋。

如果太執著於重現火星真實的顏色，看起來反而不好吃，

所以我用染成橘色的香草冰淇淋，混合巧克力冰淇淋，

表面的紋路則鑲上烤過的堅果來表現。

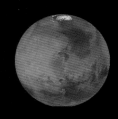

Recipe

1 準備橘色冰淇淋、巧克力冰淇淋，並稍微拌在一起。
2 同時挖取2種顏色的冰淇淋，做成球狀。
3 將烤過並放在冰箱冷卻好的堅果鑲上冰淇淋。

04
木星

探測衛星卡西尼號（Cassini）拍下的木星照片唯美動人。仔細觀察會發現，

那些條紋都是一顆顆的漩渦。如果能在冰淇淋上做出那種漩渦紋路一定很漂亮。

我試過用牙籤沾巧克力在冰淇淋球表面上作畫，但如果表面不夠軟，

巧克力就沾不上去。而且畫的速度也趕不上冰淇淋融化的速度。

Recipe

1 準備香草冰淇淋、咖啡冰淇淋，並稍微拌在一起。
2 同時挖取2種顏色的冰淇淋，做成球狀。另外挖上少許巧克力冰淇淋，再重新塑形成球狀。

o5
土星

我用巧克力來表現實際上由冰粒構成的薄薄一層土星環。

將融化的黑巧克力和白巧克力稍微拌成不均勻的大理石紋，

倒入長方盤並均勻推開成薄薄一片，待凝固後再用圓形模具壓切。

土星本體則是香草冰淇淋和咖啡冰淇淋。

Recipe

1 融化黑巧克力和白巧克力，混合出不均勻的大理石紋。接著在長方盤中倒入薄薄的一層巧克力，待凝固後用一個較大的圓形模具壓切，再用一個較小的圓形模具壓切，做成環狀。

2 將香草冰淇淋和咖啡冰淇淋拌成大理石紋，並挖成球狀，再套上 **1** 的巧克力環。

天王星

照片上看到的天王星大多呈現淡淡的水藍色。

因為只有一種顏色稍嫌單調,所以我同時使用了淡藍色冰淇淋和香草冰淇淋。

Recipe

1 準備淡藍色冰淇淋、香草冰淇淋,並稍微拌在一起。
水藍色的濃淡取決於色粉用量,所以調色時必須特別小心拿捏用量!
2 同時挖取2種顏色的冰淇淋,做成球狀。

07
海王星

照片上的海王星，可以看到中央處有一顆大暗斑，暗斑周圍則微微發亮。
我在天王星冰淇淋裡多加了一點藍色色粉，再和原本天王星的淡藍色冰淇淋混合，
最後疊上白色的香草冰淇淋，並稍微塑形成球狀。

Recipe

1 準備藍色冰淇淋、淡藍色冰淇淋，並稍微拌在一起。
2 同時挖取2種顏色的冰淇淋，做成球狀。另外挖上少許香草冰淇淋，再重新塑形成球狀。

書中使用的利口酒與糖漿

想要做出礦物的色澤，只有天然食材是不夠的，所以我會使用法國的風味糖漿。
每罐糖漿都加入了和品項名相同原料的濃縮果汁或香料，可以輕鬆做出美味甜點。

MONIN風味糖漿

口味種類左起：藍柑橘、綠薄荷、血橙、青蘋果

3種利口酒（香甜酒）

口味種類左起：君度橙酒、GODIVA巧克力利口酒、卡魯哇咖啡香甜酒

藍柑橘風味糖漿

帶有柑橘皮風味的糖漿，是製作藍色甜點
不可或缺的原料。最近他們新推出了蝶豆
花糖漿，不過顏色和藍柑橘相比則帶有一
點紫色。

綠薄荷風味糖漿

想要做出鮮豔的綠色甜點時使用，不含酸
味。不喜歡薄荷味道的人，可以用哈密瓜
口味的刨冰糖漿代替。

君度橙酒

一種柑橘利口酒。香氣強烈，味道甜美，
也可以直接當餐後酒飲用。加冰塊會變成
淡淡的白濁貌，多一分視覺享受。幾乎不
含酸味。

卡魯哇咖啡香甜酒

加進牛奶就變成大人口味的咖啡牛奶！還
可以加入柳橙果汁調成卡魯哇柳橙，味道出
奇地不賴。也可用來取代p.71「冰片重
晶石」的400次咖啡。

血橙風味糖漿

染色效果很強的深紅色糖漿。糖漿本身含
有柳橙果汁，所以還多了一分香氣，也有
淡淡的酸味。一旦就能搭配甜點的味道。

青蘋果風味糖漿

青蘋果糖漿顏色偏淡，不適合用來染色。
不過因為含有蘋果汁，香氣很棒且帶有酸
度，可以用來增添甜點香氣，或整合整體

GODIVA巧克力利口酒

可以當作大人的巧克力糖漿使用，增添成熟香氣。直接淋在香草冰淇淋上也很好吃，而
製作巧克力冰淇淋時加入，成品會更美味。

將市售甜點做成礦物的樣子

有些市售甜點看起來也很像礦物。雖然他們並非參考礦物的造型製作，

不過在礦物愛好者眼裡，那不是礦物還能是什麼？以下介紹幾款類礦物市售甜點。

星果庵

宇治園「星果庵」售有各種顏色與口味的金平糖，諸如鹽味、葡萄酒、和三盆糖、抹茶、焙茶、蘋果、檸檬。

金平糖的做法於16世紀自葡萄牙傳入日本，一直到今天都沒有改變過。剛好有一種礦物長得和金平糖一模一樣，這種礦物的名字在日文中就叫做金平糖石。金平糖石外觀圓圓滾滾的，很可愛。礦物學上稱作砒石，即是天然砷礦（砒）。砒石絕對不可誤食，就連用舔的都可能引發中毒。

至於藍色的金平糖，看起來則像極了水矽釩鈣石（Cavansite）的球狀結晶。雖然水矽釩鈣石同樣不可食用，但我們可以將如出一轍的金平糖裝進標本盒，不時吃一顆，想像自己真的在品嘗礦物。

金平糖石（砒石）

宇治園　　　Shop Info

總店地址：〒542-0085 大阪府大阪市中央区心斎橋筋1丁目4-20宇治園ビル
TEL：06-6252-7800
WEB：https://www.uji-en.co.jp

霜橋（霜ばしら）。

九重本舖 玉澤冬季限定的「霜橋」是一款入口即化的糖果。

我永遠忘不了當初嘗到這款仙台伴手禮時的震撼。包裝盒內填滿糯米做成的落雁粉，既防潮又能避免霜橋碎裂。吃的時候要小心翼翼挖出粉堆中的霜橋。雙橋的外觀就像纖維石膏或電視石，含進嘴裡的瞬間就化開了。

電視石（硼鈉鈣石Ulexite）

九重本舖 玉澤　　　Shop Info

總店地址：〒982-0003 宮城県仙台市太白区郡山4-2-1
TEL：022-246-3211
WEB：https://tamazawa.jp

月世界

月世界本舖販售的「月世界」使用新鮮雞蛋、和三盆糖、寒天、白雙糖，混合熬煮糖蜜後乾燥而成，是富山的知名甜點。

這款甜點的名字和味道都很對我胃口。據說是因為這款甜點宛若黎明時分的朦朧月影，才取作月世界。月世界的形狀是長方形，表面真的就和月亮一樣。月世界一入口便會慢慢融化留下雞蛋與和三盆糖的柔和香氣。

月世界本身的造型就很像鈣芒硝（Glauberite）或正長石（Orthoclase），不過因為其質地柔軟，容易切割，所以也可以做成水晶或八面體結晶造型，體會不同樂趣。

水晶切割方法

1 一包裡面有2塊長方體。

2 削掉兩兩對角，讓剖面呈現六角形。

3 像削鉛筆一樣往六角形的中心點削（做出水晶的錐面）。

4 切出6個錐面後就完成了！

月世界本舖　　Shop Info

總店地址：〒930-0057 富山縣富山市上本町 8-6
TEL：076-421-2398
WEB：http://tukisekai.co.jp

アドリア洋菓子店

1967年創業的老字號洋菓子店，距離東十条車站步行5分鐘，店面有塊顯眼的黃色招牌。現已傳至第2代，由甜點師兄弟檔齊心經營。除了常見的奶油蛋糕外，還可以看到傳統薩瓦蘭蛋糕、季節水果塔、慕斯等琳瑯滿目的糕點。夏天時還有義式冰淇淋和刨冰。

アドリア洋菓子店
總店地址：〒114-0001 東京都北区東十条4-7-17
TEL：03-3911-5767
WEB：https://www.adriatic.co.jp

Book & Café APIED

位於京都大原三千院附近的老屋咖啡廳，僅於春天和秋天營業。這間店為明治時代旅館翻修而成，裝潢古典，提供招牌藍莓生乳酪蛋糕和其他季節蛋糕、手作貝果、司康。他們還創辦文藝雜誌《APIED》。店裡推出許多以文學為主題發想的蛋糕，包含本書收錄的「萩原朔太郎的礦石蛋糕」。

Book & Café APIED

總店地址：〒601-1243 京都府京都市左京区大原大長瀬町 267
TEL：075-744-4150
WEB：http://apied-kyoto.com/

きらら舎&cafeSAYA

專門販賣礦物、理化趣味雜貨等懷舊、奇妙玩物的網路商店。實體店面「cafeSAYA」經常舉辦各種礦物主題工作坊、書香咖啡廳等活動，也提供礦物餐、礦物甜點、礦物色氣泡飲（2020年8月原書出版當時僅提供飲料）。現亦利用遠端會議軟體Zoom，舉辦預約制的線上螢石劈開示範、礦物萬花筒實作等活動。

cafeSAYA

總店地址：〒115-0043 東京都北区神谷3-37-1
WEB：http://kirara-sha.com

Afterword
後記

在我小時候，還沒有便利商店。媽媽們幾乎都是家庭主婦，成天待在家裡，很多家庭也都是三代同堂，所以甜點基本上都是在家裡自己做。尤其那種單純用冰箱冷凍做成的甜點，更是陪伴我度過了童年暑假的大半時光。或許是因為那些冰品連小孩子也能輕鬆做出來的關係吧。一開始只是直接將果汁倒進製冰盒裡冷凍，後來開始用市售果凍粉和雪酪粉製作。如果那天冰箱裡有這些特別的冰，幸福度也會是平常的好幾倍。

現在有藍色的蝶豆花茶，輕輕鬆鬆就可以做出藍色的冰品。不過以前看不太到藍色的飲料，而且刨冰糖漿不是綠色（哈密瓜）就是紅色（草莓）。我某一年小學暑假，真的好想好想做出藍色的冰品，所以早上摘了院子裡藍色的大牽牛花，榨出藍色的水，加入砂糖後拿去冰。最後做出的冰塊雖然只有淡淡的藍色，但還是很漂亮。我將製冰盒擺在水龍頭底下沖水（以前的製冰盒是金屬材質，直接摸的話手會黏住），然後把拔下來的冰裝進透明玻璃容器。我想我當時的心情，肯定就跟我現在端詳著藍色螢石的幸福心情一樣。

談到夏季礦物甜點，我第一個想到的就是當時製作的牽牛花冰，那如藍寶石般甜滋滋的冰。這件事情已經太過久遠，我現在也想不起來當時為何那麼執意要做出藍色的冰。不過現在我可以借助甜點師的力量，做出更好吃，更像礦物的甜點，創造更多幸福。

佐藤佳代子

器皿贊助

津軽びいどろ

〒038-0004 青森県青森市富田4-29-13
北洋硝子株式会社
TEL:017-782-5183
WEB:https://tsugaruvidro.jp/

●書中使用的器皿
青森 台付きグラス
八甲田ザラメ雪 フリーカップ
八甲田ザラメ雪 台付きグラス
KONOHA oval plate
ISHIME rectangle plate
ISHIME partition plate
SHIKI rectangle plate
Prestige
Casual
まつり金彩浅鉢
初雪 小鉢
初雪 大鉢

TITLE

盛夏奇幻礦物甜點

STAFF

出版	瑞昇文化事業股份有限公司
作者	佐藤佳代子
譯者	沈俊傑
總編輯	郭湘齡
責任編輯	蕭妤秦
文字編輯	張聿雯
美術編輯	許菩真
排版	二次方數位設計　翁慧玲
製版	印研科技有限公司
印刷	桂林彩色印刷股份有限公司
法律顧問	立勤國際法律事務所　黃沛聲律師
戶名	瑞昇文化事業股份有限公司
劃撥帳號	19598343
地址	新北市中和區景平路464巷2弄1-4號
電話	(02)2945-3191
傳真	(02)2945-3190
網址	www.rising-books.com.tw
Mail	deepblue@rising-books.com.tw
初版日期	2022年2月
定價	380元

ORIGINAL JAPANESE EDITION STAFF

写真	長尾真志
プロセス写真	さとうかよこ、佐藤哲郎、金城京香
装丁&本文デザイン	溝端 貢（ikaruga.）
イラストカット	まつかわみう
校正	佐々木裕子
編集	岩川摩耶、松川美羽、アトリエコチ
協力	壁屋知則（北洋硝子）、hyakutake studio、小山優子（JT&Associates）、佐藤亮太郎（アドリア洋菓子店）

國家圖書館出版品預行編目資料

盛夏奇幻礦物甜點：晶透輕盈的迷幻色
彩：結晶洋菜凍、母岩慕斯雪酪、礦
石糕點、行星冰品食譜 = Minéraux de
bonbons summer/佐藤佳代子著；沈俊
傑譯. -- 初版. -- 新北市：瑞昇文化事業
股份有限公司, 2021.09
112面；19 x 25.7公分
ISBN 978-986-401-515-3(平裝)

1.點心食譜

427.16   110014191